图书在版编目（CIP）数据

无处不在的虫子 /（英）莉莉·莫瑞著；（德）布丽塔·泰肯特鲁普绘；王艳译．— 福州：海峡书局，2023.5

书名原文：There are Bugs Everywhere

ISBN 978-7-5567-1042-3

Ⅰ．①无… Ⅱ．①莉… ②布… ③王… Ⅲ．①昆虫－儿童读物 Ⅳ．① Q96-49

中国版本图书馆 CIP 数据核字（2022）第 257143 号

引进版图书合同登记号 13—2023—006
First published in the UK in 2019 by Big Picture Press, an imprint of Bonnier Books UK,
4th floor Victoria House, Bloomsbury Square London WC1B 4DA +44(0)20 3770 8888
www.templarco.co.uk/big-picture-press
www.bonnierbooks.co.uk

无处不在的虫子
WUCHUBUZAI DE CHONGZI

作　　者：［英］莉莉·莫瑞 著
绘　　者：［德］布丽塔·泰肯特鲁普 绘
译　　者：王　艳
出 版 人：林　彬
选题策划：北京浪花朵朵文化传播有限公司
出版统筹：吴兴元
编辑统筹：冉华蓉
责任编辑：廖飞琴　杨思敏
特约编辑：崔　佳　潘惠同
装帧制造：墨白空间·闫献龙
营销推广：ONEBOOK
出版发行：海峡书局
社　　址：福州市白马中路15号海峡出版发行集团2楼
邮　　编：350004
印　　刷：鹤山雅图仕印刷有限公司
开　　本：635mm × 965 mm 1/8
印　　张：4
字　　数：10 千字
版　　次：2023年5月第1版
印　　次：2023年5月第1次印刷
书　　号：ISBN 978-7-5567-1042-3
定　　价：76.00 元

读者服务：reader@hinabook.com 188-1142-1266
直销服务：buy@hinabook.com 133-6657-3072
投稿服务：onebook@hinabook.com 133-6631-2326
官方微博：@浪花朵朵童书

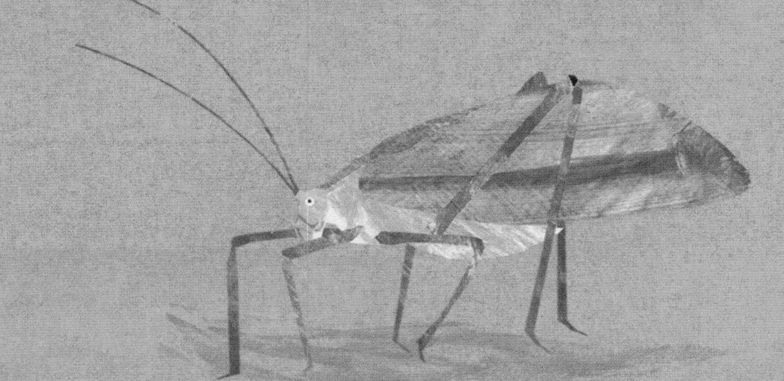

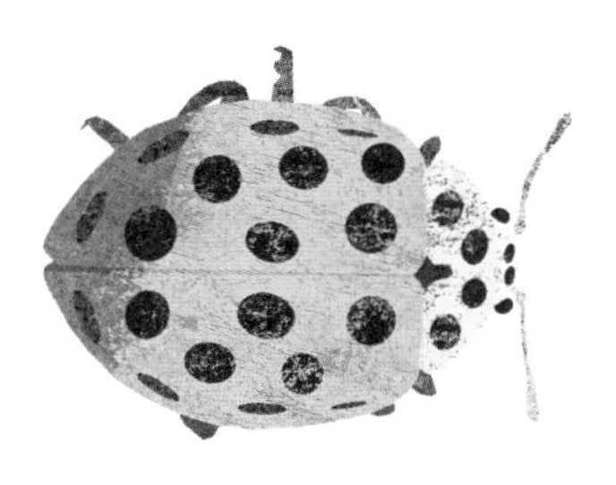

浪花朵朵

无处不在的虫子

[英] 莉莉 · 莫瑞 著
[德] 布丽塔 · 泰肯特鲁普 绘　王艳 译

海峡出版发行集团 THE STRAITS PUBLISHING & DISTRIBUTING GROUP | 海峡书局

无处不在的虫子

虫子遍布世界各地，多达数百万种，因为种类如此庞杂，以至于没人知道确切的数字。虫子几乎无处不在——它们在地下疾驰，在空中飞舞，在水中滑行。你的房子里就生活着数百种虫子，甚至你的皮肤上也有虫子！

这些虫子中有一些是纪录创造者！你觉得哪种虫子是最强壮的？请你找一找，这些虫子中身体最长，叫声最吵和飞得最快的分别是哪个？

这就是虫子！

在本书中，我们讨论的“虫子”属于节肢动物门，通称“节肢动物”。节肢动物门是世界上最大的动物门类，包含了5亚门15纲。我们比较熟悉的昆虫纲就属于其中的六足亚门。节肢动物是身体分节、附肢也分节的动物，体外覆盖几丁质外骨骼，又称表皮或角质层，是动物界中公认的种类多、数量大、分布广的一类，常见的蜘蛛、蝎子、虾、蟹、蜈蚣、蝗虫、蝴蝶等都属于节肢动物。

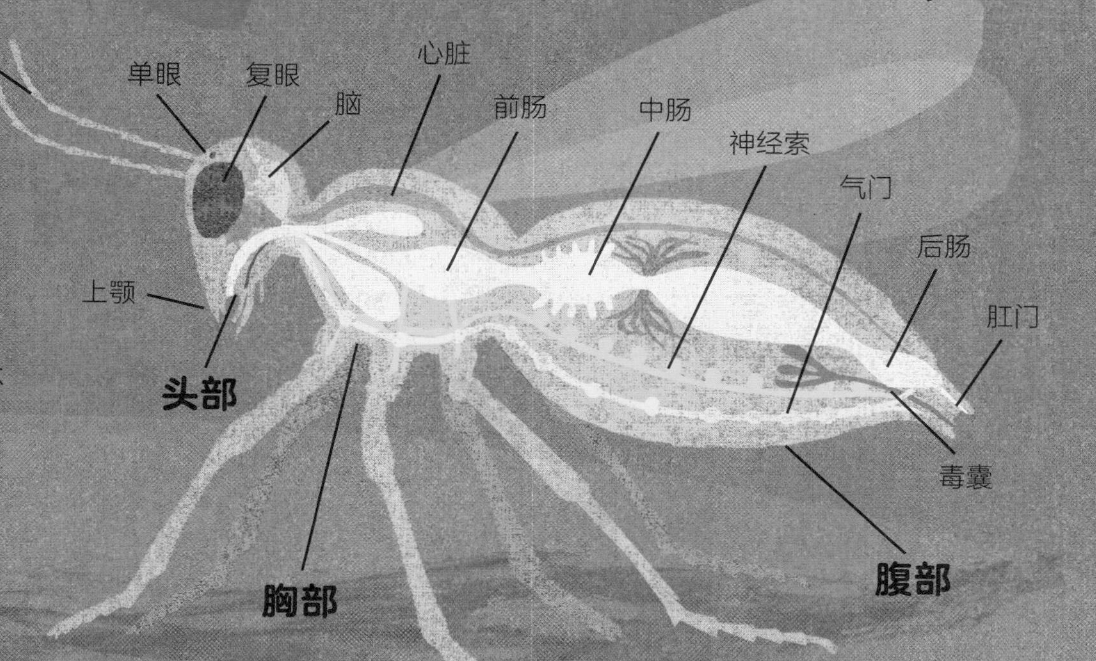

昆虫纲

不仅在节肢动物门中，即使在整个动物界，昆虫纲中的种类也是最多的。直到21世纪初，人类已知的昆虫有100余万种，但仍有许多种类尚待发现。昆虫的特征之一是身体由若干环节组成，这些环节集合成头部、胸部和腹部三个部分。

神奇的眼睛

大多数虫子都有一双大眼睛，被称为复眼，是一种由不定数量的小眼组成的视觉器官。它们能为虫子提供广阔的视野，并可以有效的计算自身与其他物体的方位和距离，但不利于观察细节。

蝽

半翅目昆虫通称为“蝽”，口器为刺吸式，从头的前端伸出，椿象、臭虫等都属于半翅目。

赤条蝽

纪录创造者

你猜到上一页中哪些虫子打破了纪录吗？

角蜣螂是世界上最强壮的虫子。它可以拉动自身重量1141倍的物体，这相当于一个人举起6辆双层巴士！

马蝇是飞行速度最快的虫子，其速度最高可达每小时145千米。

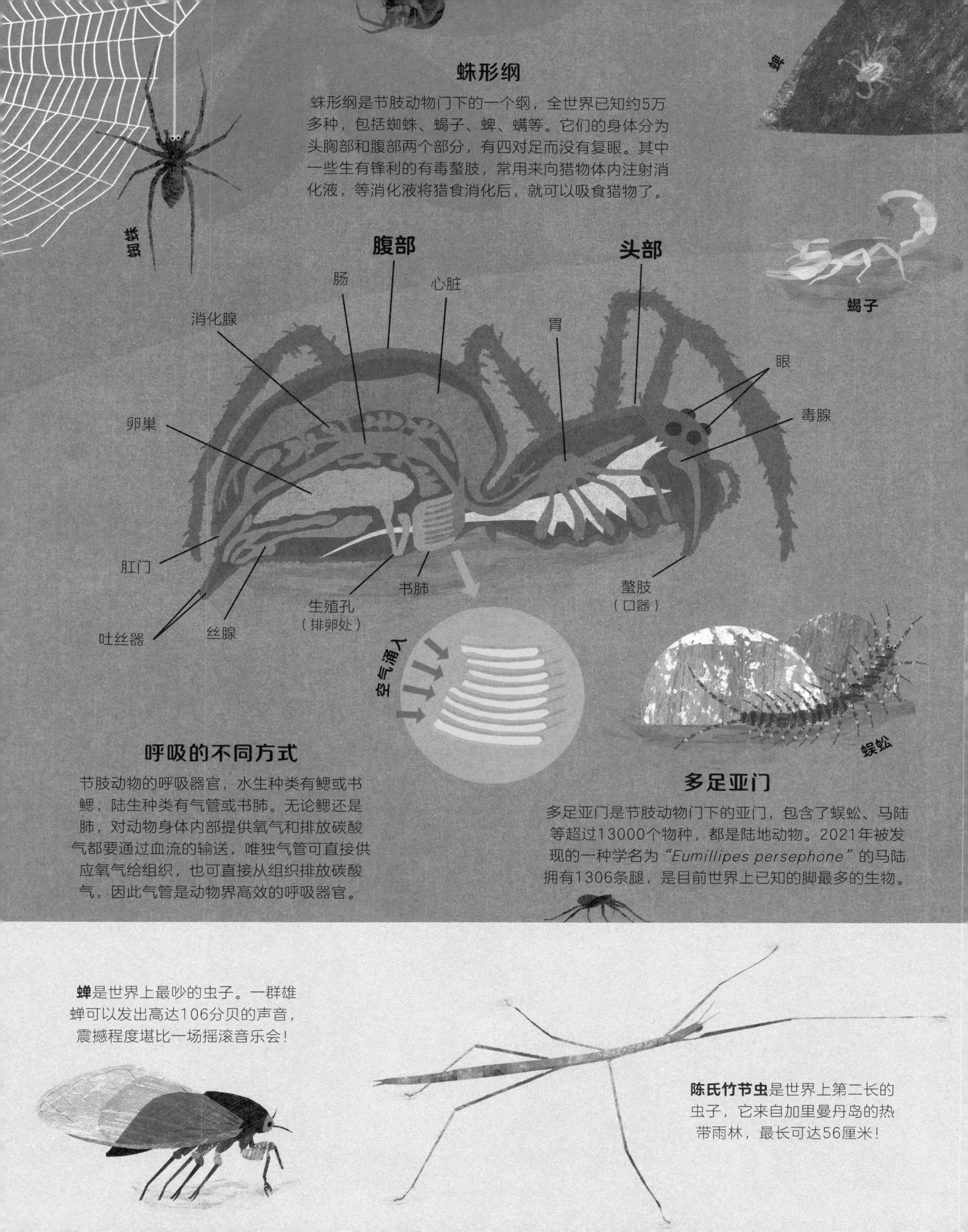

蛛形纲

蛛形纲是节肢动物门下的一个纲，全世界已知约5万多种，包括蜘蛛、蝎子、蜱、螨等。它们的身体分为头胸部和腹部两个部分，有四对足而没有复眼。其中一些生有锋利的有毒螯肢，常用来向猎物体内注射消化液，等消化液将猎食消化后，就可以吸食猎物了。

呼吸的不同方式

节肢动物的呼吸器官，水生种类有鳃或书鳃，陆生种类有气管或书肺。无论鳃还是肺，对动物身体内部提供氧气和排放碳酸气都要通过血流的输送，唯独气管可直接供应氧气给组织，也可直接从组织排放碳酸气，因此气管是动物界高效的呼吸器官。

多足亚门

多足亚门是节肢动物门下的亚门，包含了蜈蚣、马陆等超过13000个物种，都是陆地动物。2021年被发现的一种学名为“*Eumillipes persephone*”的马陆拥有1306条腿，是目前世界上已知的脚最多的生物。

蝉是世界上最吵的虫子。一群雄蝉可以发出高达106分贝的声音，震撼程度堪比一场摇滚音乐会！

陈氏竹节虫是世界上第二长的虫子，它来自加里曼丹岛的热带雨林，最长可达56厘米！

虫子的演化

节肢动物起源于6亿年前的前寒武纪的海洋中，甲壳动物这一类群在寒武纪的早期已经十分兴旺。此后，节肢动物经历了巨大的辐射演化，至今在地球上已无处不在，生活方式各异。在大约4亿年前的志留纪，陆地上就已经出现了昆虫；在3.6亿年前的石炭纪，则出现了体形巨大的有翅昆虫。

5亿年前

三叶虫是已知的最早出现的节肢动物之一。大部分三叶虫的长度普遍在3～10厘米，但也有一些并非如此，比如，**等称虫**的体长大约有70厘米。

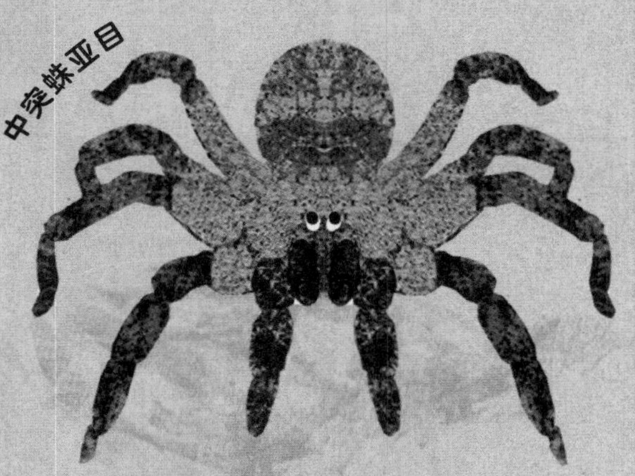

中突蛛亚目是当今的活化石，它们的祖先在4亿年前就已经出现了。

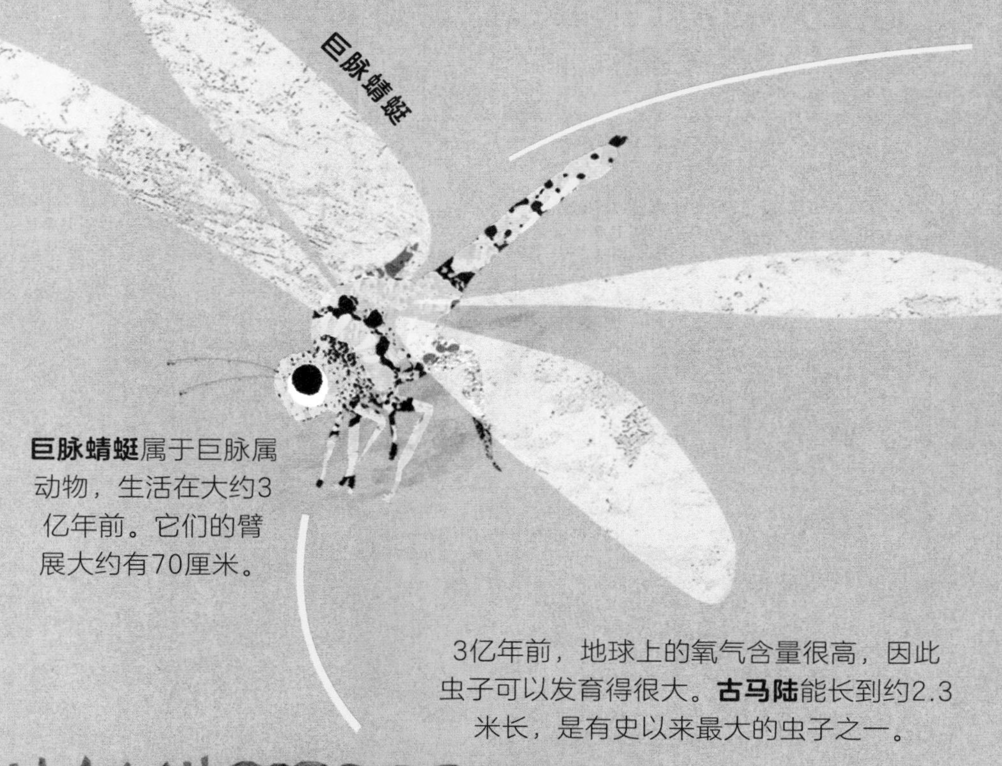

巨脉蜻蜓属于巨脉属动物，生活在大约3亿年前。它们的臂展大约有70厘米。

蠹鱼

3亿年前，地球上的氧气含量很高，因此虫子可以发育得很大。**古马陆**能长到约2.3米长，是有史以来最大的虫子之一。

蠹鱼是非常古老的昆虫。在地球上已经出现约3亿年。

桨足纲动物是分布于滨海地下含水层中的甲壳亚门动物，不具视力。大部分桨足纲动物会将消化液注入猎物体内，但这些消化液是否都含有毒素有待进一步研究。同时，它们还是跟现存昆虫亲缘关系最近的甲壳动物。

桨足纲动物

希伯特螢

蝎子最早是在4.3亿年前到陆地生活的。早期的蝎子，如**希伯特螢**，大部分时间生活在海洋中，因为有脚，它们也可以在陆地上四处奔跑。

大约4亿年前，昆虫是最早的飞行生物。因为那时候植物生长得越来越高，所以飞行能力可以帮助植食性昆虫顺利找到食物。**蜉蝣**的祖先很可能是最早的飞行昆虫。

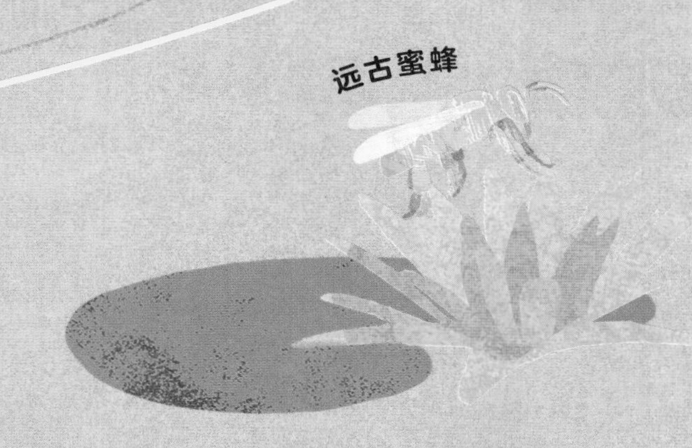

白垩纪时期（约1.5亿年前），开花植物迅速崛起，出现了大量以开花植物为食的虫子，比如蝴蝶、蚂蚁和已知的第一种蜜蜂——**远古蜜蜂**。

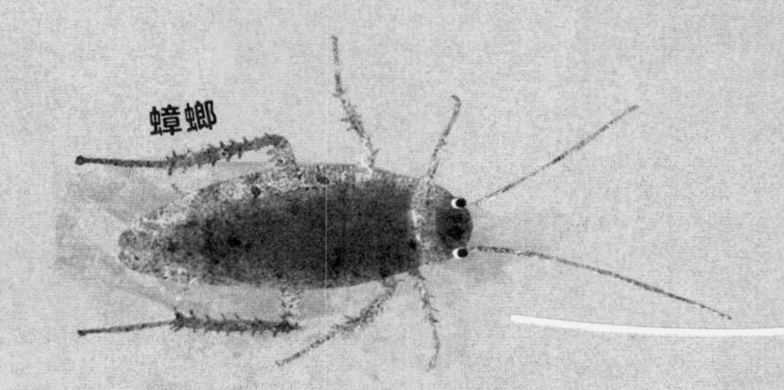

现在

我们如今所熟知的**蟑螂**，（学名蜚蠊）最早出现在3亿年前。

在侏罗纪时期，**侏罗拟蚤**这类生物与恐龙共同生活。侏罗拟蚤是如今的跳蚤的十倍那么大。

1.5亿年前，昆虫开始变小。这有可能是因为鸟类开始飞向天空，而体形较小的昆虫更利于快速逃跑。

虫子生活在哪里？

虫子几乎无处不在！无论是在雨林、沙漠、林地、湿地、洞穴、草原、冰冻的南极，还是在你家的后花园中，都能发现它们的身影。事实上，虫子的栖息地比地球上其他任何动物的都要多。

水中的虫子

许多虫子生活在池塘、湖泊、小溪和河流中，你甚至可以在最小的水池中或水面上找到它们！**“蜻蜓点水”**是蜻蜓在水中产卵的行为，它们的幼虫生活在水中。

水蜘蛛

水蜘蛛生活在水下，也像其他品种的蜘蛛那样吐丝，但它们吐出的坚韧的蛛丝并不用来结网，而是用来在水下构筑成一个单间——钟形住所。它使用了一种特殊的方式给钟形住所充气：从水面上获取空气并储存在腹部细毛中间的气泡中，然后爬回水下，把腹部气泡中的空注入到住所里去。

大龙虱生活在淡水中，它们的食物包括其他虫子、蝌蚪甚至小鱼。大龙虱虽然会飞，但它们大多数时间里都呆在水下，除非是为了寻找新的捕食场所。

静水椎实螺

静水椎实螺的足强壮有力，能分泌黏液，它们依靠足在水中滑行。它们的舌头上布满了细小的牙齿，这些牙齿帮助其取食藻类和其他动植物。

沙漠中的虫子

由于沙漠干旱少水，所以大部分动物无法生存，但有很多虫子已经进化出惊人的适应能力，能在沙漠的恶劣环境中也能存活。

拟步甲科是属昆虫纲鞘翅目中的一科，多见于沙漠干旱地区。拟步甲科昆虫有特殊的“沙靴”——它们的足上长着很长的毛。这种毛不具导热性，能把它们的身体支撑起来，起到一定的隔热作用。

高山上的虫子

山区的温度非常低，许多在山区生活的虫子为了吸收太阳的热量进化出较深的颜色。

在新西兰山区生活着一种深灰色蝗虫，它们的后腿长长的，犹如滑雪杆一样，帮助其在雪地上滑行。

极地上的虫子

南极洲的陆地动物虽有150余种，但多为海鸟和海兽身上的寄生虫。真正的南极陆地动物有昆虫和蜘蛛类，它们是在南极大陆土生土长的土著居民，例如蜱、螨、尖尾虫和蠓等。

这种**莓螨科昆虫**宽约1毫米，以微生物为食。它的身体可以产生防止被冻住的甘油。

地下的虫子

生活在地下的虫子，主要取食植物、动物（死的或活的）和粪便。它们有些终生生活在地下，有些只是冬眠期在地下度过，还有一些在地下度过幼年时期。

蝼蛄在夜晚活动，还会在冬季冬眠。像鼹鼠一样，蝼蛄呈巨大的铲形的前肢，能够帮助它们挖掘、寻找食物和筑巢存卵。

雨 林

热带雨林（如南美洲的亚马孙雨林）中生活着大量的虫子，每2.6平方千米就有50000多种！每种虫子都对森林的存亡起着至关重要的作用。如果没有这些虫子，我们所认识的“雨林”可能就不复存在了。

露生层

露生层包括一部分非常高大的树，达到45～55米，有些种类有时可以长到70～80米高。它们需要能够忍耐高温和强风。蝴蝶、蝙蝠以及部分种类的猴子在该层栖息。

叶甲虫

切叶蚁

树冠层

树冠层是绝大部分较大树种所在的层，通常高度为30～45米。在由相邻的树冠、树叶相连而成的树冠中，物种多样性最高。在这一层中几乎可以找到世界上四分之一的已知昆虫。

休伊森剑翼蝶飞得非常快，人眼几乎无法捕捉到它们的身影。

切叶蚁从树冠切取树叶，然后把树叶带回巢穴。

蓝闪蝶

灌木层

灌木层位于树冠层和地面层之间，是很多鸟类、蛇类、蜥蜴以及例如美洲豹、蚺等的栖息地。在该层的叶子会长得更大。大约只有5%的阳光能穿过树冠层照射到灌木层。

蓝闪蝶以腐烂水果、动物尸体和真菌中的汁液为生。它在飞行过程中可以帮助真菌在森林各处传播孢子（真菌是利用孢子进行繁殖的）。

地面层

地面层是雨林的最底层，只能得到2%左右的阳光。只有适应了低光环境的植物才可以在该层生存。蜘蛛和甲虫爬行在遍布着落叶、腐烂树枝和植物浅根的地面上。

泰坦甲虫的体长可以达到17厘米，是世界上最大的甲虫之一。它的颚部非常有力，可以将铅笔钳成两段。

大多数竹节虫都是伪装高手，然而，**秘鲁食蕨竹节虫**的颜色非常鲜艳。

雄性兰花蜂在林下叶层中穿梭，从兰花上收集芳香物质，用来吸引雌性。

你能找到吗？

虫子是许多雨林动物的重要食物来源。你能找出本页上藏着多少个捕食者吗？

当领地受到威胁时，**子弹蚁**会表现出攻击性。它们尾部的螯针是昆虫最尖锐的武器之一。

白蚁将其巨大的巢群建立在地面层。它们会将木头啃碎，与自己的唾液、粪便混合，混合物上生长出的真菌成为它们可口的食物。

磕头虫和**萤火虫**一样，体内具有独特的生物发光机制，它们通过发光吸引白蚁靠近，进而吃掉白蚁。

格莱斯捕鸟蛛张开爪子时有28厘米宽，其硕大的毒牙能够向猎物注射毒液，因此可以轻松地捕食小鸟和青蛙。

虫子吃什么？

虫子享用的食物多种多样，包括植物、其他虫子、死肉、腐烂物，甚至粪便！虽然听起来恶心，但虫子的进食习惯在自然界中起着非常重要的作用。

食粪虫

蜣螂会取食粪便，不过，它们对所吃的粪便很挑剔，有些甚至只吃一种动物的粪便。它们通过食用粪便获得有营养的水分。

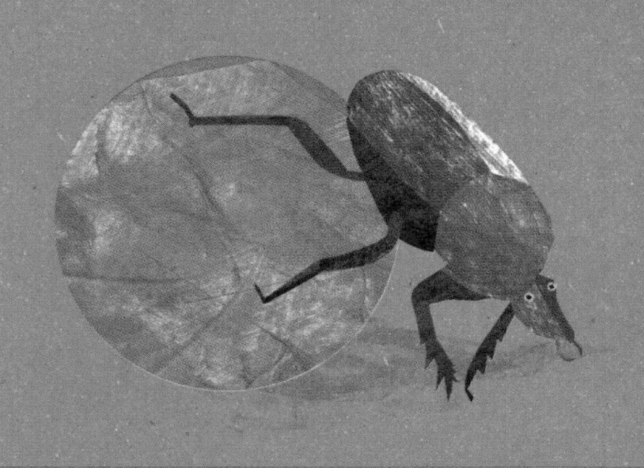

食物培养者

事实上，**切叶蚁**采集树叶并运送回巢穴，并不是因为它们以树叶为食，而是需要用树叶来培养它们真正的食物——真菌。

植物咀嚼者

毛毛虫的口器为咀嚼式，用坚硬的牙齿来咀嚼树叶。

食肉虫

蜻蜓以蠓虫和蚊子为食，其复眼包含多达28000个小眼，可以同时观察多个方向。

饮花蜜者

蜂鸟鹰蛾长长的口器便于从深筒状的花朵中吮吸花蜜。它们的翅膀每秒可以扇动80次，因此能够悬停在半空中进食。

舐吸者

家蝇和**红头丽蝇**无法啃咬和咀嚼。它们将唾液吐在食物上，等待食物被溶解成液体后，再用海绵状的唇瓣吸食。

成群的虫子

植食性虫子有时会大量聚集，破坏人类赖以生存的农作物，其中，最臭名昭著的虫群就是沙漠蝗群。

蝗群已经影响人类几千年了。在古埃及人的著作中就记录着关于它们的故事。

当蝗虫数量急剧增长时，它们开始集结成群，甚至能组成多达10亿只的庞大蝗群。

单只蝗虫可以吃掉跟自己体重差不多重的植物，实验表明，悬挂在风洞中的蝗虫可以不间断地扇动翅膀6～17个小时！

蝗群散居时，被称为**蝗虫**。蝗虫是鸟类、蜘蛛和小型哺乳动物等众多生物的重要食物来源。而且，它们的粪便也会使土壤变得肥沃。

群居

通常，有些种类的虫子会跟同类成群生活，我们称之为“群居”，例如，白蚁、蜜蜂、黄蜂和蚂蚁。这些虫子的群体生活井然有序：它们一起觅食，抚育后代，还会共同抵御捕食者。

每个**蜂群**有多达数万只蜜蜂，每只蜜蜂都有各自不同的分工。

工蜂从**蜡腺**分泌蜂蜡，并以此筑巢。蜂巢是由一个个小的**巢室**构成的。

蜜蜂幼虫在巢室里被哺育长大，长大后它们会变成蜂蛹。

大部分雌蜂最终会成为**工蜂**。最年幼的工蜂，被称为**哺育蜂**，它们负责给蜜蜂幼虫喂食蜂粮（花粉和蜂蜜的混合物）。

蜂王会释放一种叫作**信息素**的化学物质。信息素帮助蜂王控制其他蜜蜂，确保它是蜂群中唯一产卵的蜜蜂。

你能找到吗？

黄蜂常常混在蜜蜂群中，从而潜入蜂巢发动突袭。你能找到蜂群里藏着的两只黄蜂吗？

壮年的工蜂称为**采蜜蜂**，它们利用长长的口器吸取并采集花蜜。

雄性蜜蜂最终发育成**雄蜂**，专门与蜂王交配，雄蜂交配后不久就会死去。

当蜜蜂落在花上，花粉会沾在它身体的绒毛上。蜜蜂将花粉刷下来收集到后足的细毛间，像塞得鼓鼓囊囊的花粉筐一样悬挂在它们的后腿上。

花粉主要用来喂养幼蜂，而花蜜会成为蜜蜂冬天的食物——**蜂蜜**。

生　存

虫子处在食物链底端，很多动物以它们为食，因此它们逐渐掌握了多种躲避捕食者的方式，比如假死或者模仿周围的环境。有些虫子非常擅长伪装，几乎不会被发现。

你能找到吗?

以下这些虫子都是伪装高手。它们藏在哪里了?找一找:

兰花螳螂——看起来像花一样;
陈氏竹节虫——长得像枯枝;
树螽——跟叶子很像。

生存大师

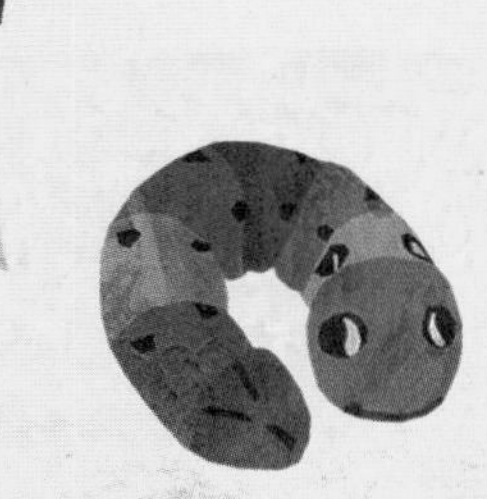

恐怖的眼睛

红天蛾幼虫在受到惊吓时，会将身体膨胀，使身上的斑点看起来像蛇的眼睛，让捕食者把它们当作非常可怕的生物。

孔雀蛱蝶的眼状斑纹色彩斑斓，足以将捕食它们的鸟类吓退，为自己争取更多的逃跑时间。

毒性警告

瓢虫身上醒目的红色和黑色警告着捕食者不要靠近。如果受到攻击，它们会释放恶臭的分泌物。

瓢虫

对马瓢蛛巧妙地进化出与瓢虫相似的图案，所以即便它们一点也不难闻，捕食者也会远离它们！

假　死

为了躲避捕食者，**磕头虫**会仰面倒地装死。它们将身上类似铰链装置的结构弯折，然后“咔”的一声将身体弹向空中，这样可以帮助它们迅速逃跑。

毒　毛

玫瑰刺毛虫身上布满了蜇人的刚毛，用来帮助它们防止和抵御鸟类和食肉昆虫的伤害。

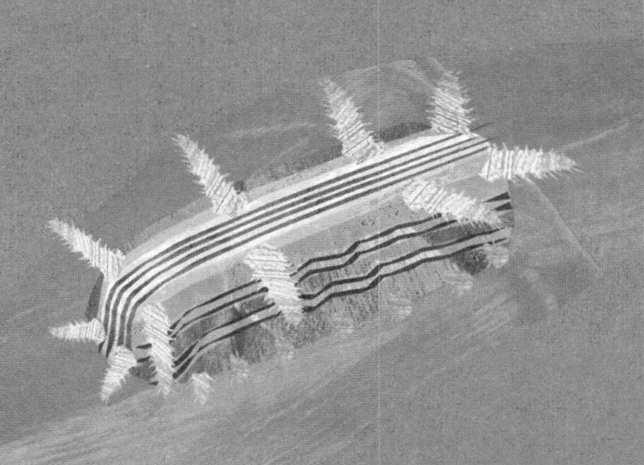

怪异的帽子

当**瘤蛾**的幼虫蜕皮时，它会将废弃的外壳戴在头上。每蜕一次皮，它的“帽子”堆叠得更高一层，直至形成一座“塔”，从而保护自己免受类似茶翅蝽这样的捕食者的伤害。

聪明的猎手

蜘蛛是非常聪明高效的猎手，它们中许多都会编织复杂精细的丝网以捕捉猎物，有的也会藏起来偷袭猎物。

和所有蜘蛛一样，**络新妇**从腹部的小孔（**纺器**）中挤出丝来织网。

雌性络新妇比雄性体形大，它们能编织巨大的轮状网，有的蛛网直径甚至能超过1米！

它们主要捕食昆虫，不过它们的网非常结实，甚至能够捕捉蝙蝠和小鸟。

雌性络新妇经常将腐烂的植物或叶子粘在蜘蛛网上用以吸引猎物。

你能找到吗？

有些虫子已经成了猎物，陷在蜘蛛网里面了！你能找到它们吗？

当有东西落在蜘蛛网上，蜘蛛会拨动网上的丝线，通过丝线的振动判断猎物的位置。

蜘蛛还会为蛛网增加装饰，我们称之为**隐带**。隐带可能是锯齿形、圆形或者其他图案，但是至今没有人知道它们为什么这样做！

络新妇喜欢在灌木丛或篱笆边结网，它们结的网是金黄色的。

络新妇用它们的毒牙向猎物体内注射毒液使其瘫痪，随后用蛛丝包裹猎物，留待以后食用。

神奇的蛛网

漏斗网蜘蛛的蛛网既是它的藏身之处，也是它制作的陷阱。漏斗形蛛网前面的蛛丝可以提醒它猎物已经落网。

球蛛的蛛网不规则且黏糊糊的，当昆虫被困在它的蛛网中，它会向其注射毒液，并用蛛丝捆住猎物，留待以后食用。

有的蜘蛛用蛛丝编织**毛茸茸的蛛网**，但这种蛛网不具有黏性。它们用后肢反复摩擦蛛丝，使蛛丝产生静电，这种静电与虫子拍打翅膀产生的静电相互作用，就能把虫子“吸”进蛛网。

虫子的父母

虫子会千方百计地吸引配偶：有些跳舞，有些携带礼物，有些甚至拿生命冒险。当虫宝宝出生后，许多成虫选择让它们的子女独自生活，也有些会留守多年，专心照顾后代。

吃雄性的翅膀

雄性**山艾圆翅鸣螽**通过歌声来吸引配偶。它会让雌性啃食它的翅膀，吮吸它的血淋巴（类似血液的液体）。

“美味”的礼物

有些雄性**舞虻**会将昆虫尸体包裹成椭圆形的球，并带着它翩翩起舞。雌性舞虻飞入虻群择偶，被选中的雄性舞虻会送出自己的礼物。

难闻的惊喜

雌性**天蚕蛾**会释放一种被称为信息素的气味，用以吸引配偶。雄性天蚕蛾的羽状触角可以在数千米外探测到这种气味。

充满风险的舞蹈

雄性**孔雀蜘蛛**用舞蹈吸引雌性。它们踏着小碎步，晃动着身体，展开精美的尾屏，展示其艳丽的颜色。但是，如果没有打动雌性，雄性就会被雌性吃掉！

共享的美食

隐尾蠊的巢穴干净整洁，易于防守。它们通过反刍（咀嚼食物并吐出来）喂养后代，并且至少会抚养后代三年。

警惕的眼睛

茶翅蝽妈妈将卵护在身体下面，避免寄生蜂将卵产在它的卵内。

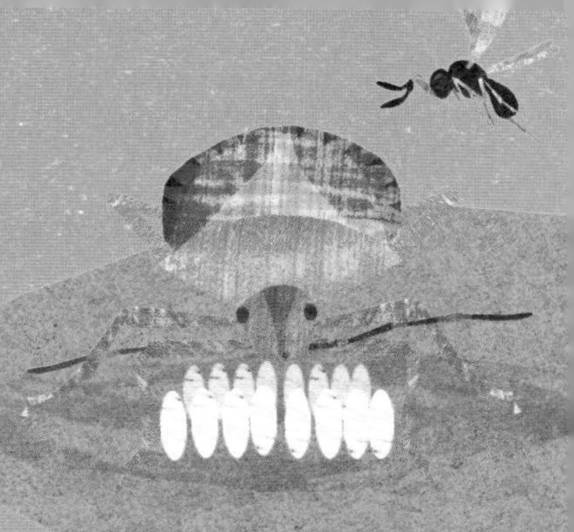

蝉的生命周期

成年雄性**蝉**每天都在寻找配偶。它们响亮的鸣叫声能吸引1600米之外的雌性！

雌性蝉产卵时会在树枝上刻一个凹槽，将卵产在其中，随后离开。

当时机成熟时，若虫会爬上树。它们褪掉皮壳，发育成有翅膀的成虫，并开始寻找配偶。

蝉在幼年时期被称为**若虫**。它们刚孵出时大概有一粒大米那么大。若虫掉落在地上，随后钻入土中。

蝉的若虫在地下生活最长可达17年，它们吸取树根中的汁液作为食物。

蝉的若虫

若虫是幼年时期的虫子，看起来像一个没有翅膀的小型成虫。而有些虫的外观在幼年时期与成虫时期差异很大，这些虫子在幼年时期被称为**幼虫**，如蜜蜂。

马达加斯加金燕蛾

马达加斯加岛位于非洲南部东海岸，是马达加斯加金燕蛾的唯一栖息地。马达加斯加金燕蛾翅膀鲜艳，被认为是世界上最美丽的飞蛾之一。虽然它们的翅膀纤细脆弱，但每年仍有数千只这种蛾在马达加斯加岛上长途迁徙，寻找可供它们产卵的植物。

马达加斯加金燕蛾刚刚结束漫长的迁徙，雌蛾就要开始产卵了。**脐戟属植物**的叶子是马达加斯加金燕蛾幼虫取食的唯一食物，一只雌蛾会在这种植物的叶子下产下约80枚圆卵。

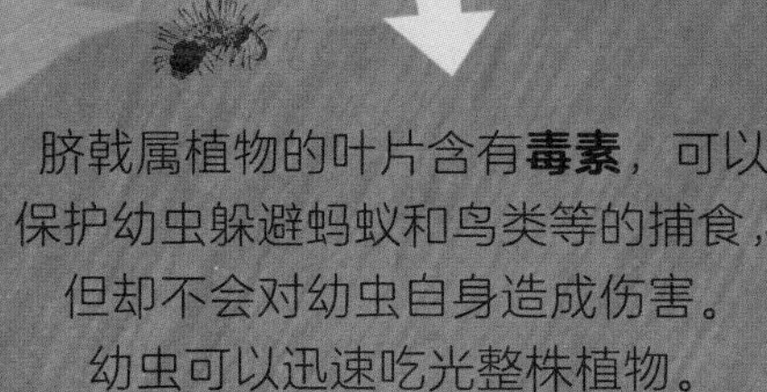

卵孵化出黄白相间的幼虫，幼虫身上长有黑色斑点和刚毛。

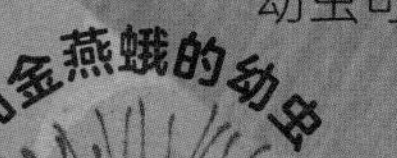

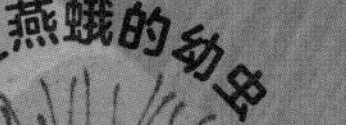

脐戟属植物的叶片含有**毒素**，可以保护幼虫躲避蚂蚁和鸟类等的捕食，但却不会对幼虫自身造成伤害。幼虫可以迅速吃光整株植物。

马达加斯加金燕蛾的幼虫

你能找到吗？

马达加斯加金燕蛾喜欢吮吸各种植物的花蜜，尤其喜欢白色和黄色的花。图中有很多金燕蛾在用长长的、像吸管一样的口器吸食花蜜，你能找到一共有多少只吗？

在岛的另一边，被马达加斯加金燕蛾舍弃的脐戟属植物的毒性会慢慢减小。但它们的离开只是暂时的，总有一天它们还会再回来。

当马达加斯加金燕蛾找到一片新的脐戟属植物群时，它们会在此安家落户并且进行繁殖，新的一轮生命周期就此开始。

两个月大时，马达加斯加金燕蛾的幼虫开始蜕变。
它们用丝绕着自己的身体织了一个茧。
茧
17~23天之后，它们破茧而出，成为马达加斯加金燕蛾。
马达加斯加金燕蛾将翅膀晾晒两小时后就可以飞行了。
在蜕变之前，幼虫需要连续数周以脐戟属植物的叶片为食。为了抵御幼虫的取食，植物的毒素会增强，这种毒素会伤害到幼虫。
马达加斯加金燕蛾必须马上找到新的植物。它们从东部的雨林飞到西部的干燥的森林，飞越了高山和半沙漠，横穿了整个马达加斯加岛。
马达加斯加金燕蛾白天飞行，夜晚栖息在一起相互取暖，防御外敌。
马达加斯加金燕蛾艳丽的颜色警告捕食者它们有毒，所以它们几乎没有天敌。它们在飞行时，翅膀的颜色看似在变化，但这只是一种假象。

虫子与人类

数百万年来，虫子一直与人类联系密切。它们为植物提供肥料，分解废料，还是许多动物（包括人类）的重要食物来源。纵观历史，人类既害怕虫子又从它们身上获得灵感。如今，人类已经意识到虫子对地球的未来至关重要。

虫子饰品

在古埃及，**圣甲虫**（蜣螂）是太阳神凯布利和新生的象征，在珠宝、饰物和印章上都流行与圣甲虫有关的设计。人们在木乃伊的墓地中也发现了圣甲虫护身符。

古代食物

我们以打猎为生的祖先从虫子中获取蛋白质。对于古罗马人来说，用葡萄酒浸泡过的**甲虫幼虫**是一道美味佳肴。今天，仍然有很多人吃虫子。随着人口的不断增长，虫子很有可能成为环保食物的重要来源。

悦耳的宠物

早在公元前1000年，古代中国人就将**蟋蟀**作为宠物饲养，人们将蟋蟀放入竹子或金属制成的精美的笼子中。直到现在，蟋蟀仍凭借它们出色的歌喉和强大的战斗力收获着人们的喜爱。

跟虫子有关的发明

如今，对于虫子的研究处于科学前沿。这些研究为困扰人类的一些难题带来了极具吸引力的解决方案。

射炮步甲可以从腹部喷出有毒热雾，科学家受其启发研发了一种新型无针注射的治疗方式。

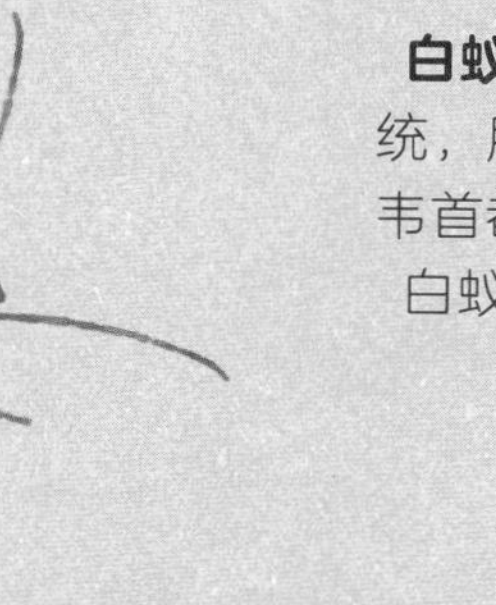

白蚁丘内有一个循环冷空气的气穴系统，所以在阳光下也不会太热。津巴布韦首都哈拉雷市的东门购物中心就仿照白蚁丘的气穴系统来保持室内凉爽。

世界不能没有虫子

虫子是维持世界正常运转的无形力量，然而它们正在遭受威胁，数量也在减少。我们该如何保护它们呢？你可以在家做这些事。

种一些醉鱼草和常春藤等花蜜丰富的花，为**蝴蝶**和**蜜蜂**提供食物。

你可以用干树叶、枯木和空心管建造一个虫子旅馆呀！**甲虫**、**蜈蚣**、**蜘蛛**和其他虫子会把它当作理想的家园。

挖一个池塘！池塘会吸引**蜻蜓**、**水黾**和**水甲虫**等昆虫。

科学家预测有超过数百万种虫子还没有被发现。快拿起你的放大镜，尝试去寻找昆虫纲、蛛形纲或倍足纲的新物种吧！

蜻蜓能在黑夜中发现移动的物体。科学家正在研究它们，看看能不能制造出有同样能力的微型飞行机器人。

蛛丝比一些金属材质更结实，而且它们坚韧、轻盈且富有弹性。现在人造蛛丝已经被发明并被广泛应用在医疗设备、机器零件和特种服装面料中。

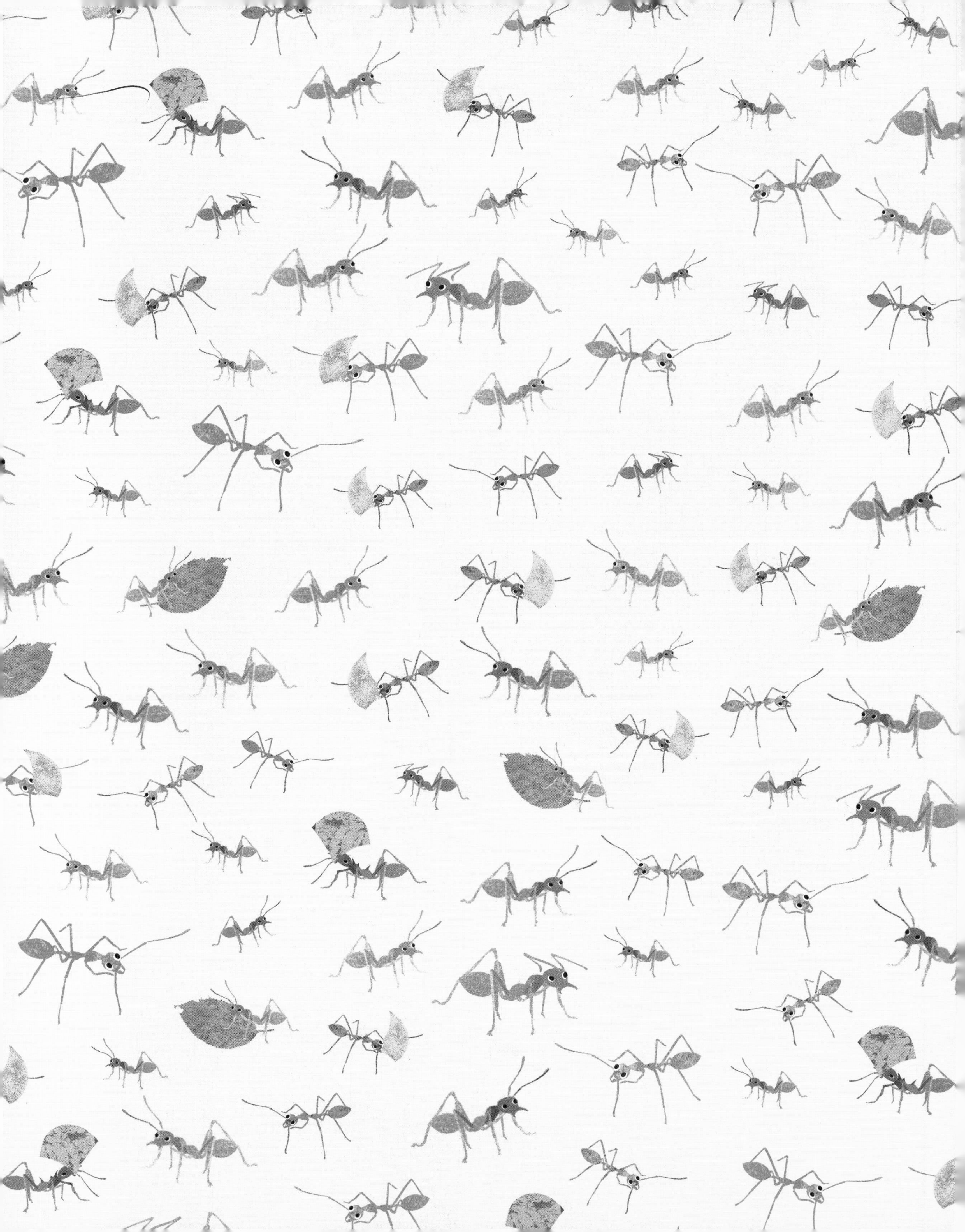